小牛顿 科学与人文

将科学的触角伸入更多领域，让科学更生动更有趣

内附科学视频

水真的可以滴穿石头吗？
成语中的地球奥秘

小牛顿科学教育有限公司 / 编著

中国出版集团　现代出版社

小牛顿 科学与人文

　　来自海峡两岸极具影响力的原创科普读物"小牛顿"系列曾荣获台湾地区 26 个出版奖项，三度荣获金鼎奖。"科学与人文"系列将"科学"与"人文"相结合，将科学的触角伸入更多领域，使科学更生动、多元、发散。全系列共 12 册，涉及植物、动物、宇宙、物理、化学、地理、人体等七大领域。用 180 个主题、360 个科学知识点来讲解，并配以 47 个有趣的科学视频进行拓展，扫描二维码即可快捷观看，利用多媒体延伸阅读。本系列经由植物学、动物学、天文学、地质学、物理学、医学等领域的科学家和科普作家审读，并由多位教育专家、阅读推广人推荐，具有权威性。

科学专家顾问团队（按姓氏音序排列）

崔克西　新世纪医疗、嫣然天使儿童医院儿科主诊医师

舒庆艳　中国科学院植物研究所副研究员、硕士生导师

王俊杰　中国科学院国家天文台项目首席科学家、研究员、博士生导师

吴宝俊　中国科学院大学工程师、科普作家

杨　蔚　中国科学院地质与地球物理研究所研究员、中国科学院青年创新促进会副理事长

张小蜂　中国科学院动物研究所研究助理、科普作家、"蜂言蜂语"科普公众号创始人

教育专家顾问团队（按姓氏音序排列）

胡继军　沈阳市第二十中学校长

刘更臣　北京市第六十五中学数学特级教师

闫佳伟　东北师大附中明珠校区德育副校长

杨　珍　北京市何易思学堂园长、阅读推广人

编者的话

中国源远流长的五千年文明，浓缩发展出了充满智慧的成语。

成语除了比喻意义，其中所描写的现象，是否能用科学概念来解释呢？在这些成语背后，其实有与其息息相关的科学知识，本系列将之分为地球奥秘、宇宙、动物、植物、物理、化学、人体医学等多个领域。本书以深入浅出的文字，搭配精细的图解，来说明所蕴含的科学原理，让孩子在阅读成语故事时，也能学习科学知识。

"天崩地裂""冰山一角""雷霆万钧"……这些成语里的"天""地""冰山"与"雷霆"等，是我们生活中就可以观察到的自然现象。为什么"滴水"能够穿石？为什么要用"信口雌黄"来形容人说话无凭无据呢？本书根据成语背后的传说、意义及用法，编写出生动有趣的小故事，这些介绍我们所居住的这个地球中，有关地质、海洋、气象等领域的科学知识，都在本书中有所解答。

快来一起看看这本兼具趣味性、知识性与思考性的书吧，让孩子对成语有更深刻的了解与体会！

目录

04 天高地厚
地有多厚——地球的内部结构
天有多高——地球的大气层

08 天崩地裂
分裂的地表——板块
地震灾害

12 沧海桑田
高山上的海洋生物
沧海桑田变变变——海平面的变动

16 冰山一角
在海上流浪的冰山
陆地上的大冰块——冰川

20 海水不可斗量
海洋的起源
海底是什么样子

24 无风不起浪
无风真的不起浪吗
起起落落的海水——潮汐

28 井水不犯河水
井水真的不犯河水
地下水的重要性

32 水滴石穿
自然界的水滴石穿——壶穴和海蚀洞
水的巨大雕塑品——峡谷和喀斯特地貌

36 周而复始
周而复始的旅程——水循环
休息是为了走更长远的路——水循环的"旅馆"

40 天有不测风云
气象观测与天气预报
月晕而风，础润而雨——古时候的气象预测

44 白云苍狗
变化多端的云
云和阳光的魔术——彩虹、观音圈、火烧云

48 雷霆万钧
闪电和打雷
不可小看的冰雹

52 信口雌黄
"矿物鸳鸯"——雌黄与雄黄
矿物颜料

56 飞沙走石
风从哪里来
季风和信风

60 日迈月征
日、月、年是如何定义的
春、夏、秋、冬是如何产生的

天高地厚

用法：原指天地的广阔，后用以比喻所受恩德的厚重，或形容人情事理的轻重利害。

飞天和遁地是两个师兄弟。飞天有一对能在天空飞翔的翅膀，遁地则有一双能钻入地里的皮靴。有一天，遁地向飞天借用翅膀，想尝试一下在天空自由翱翔的感觉。岂料飞天不但不答应，还嘲笑遁地："天空不适合你这个矮冬瓜，快点躲进土里吧！"

遁地相当生气，便趁着飞天不注意时偷走了翅膀。飞天看着遁地一下就飞得老远，气得直跺脚，却拿他没办法。这时，飞天发现遁地居然忘记带走皮靴，于是决定把靴子拿走作为报复。

遁地正在天上快乐地飞翔着，灵机一动，想看看天究竟有多高，就不断地往上攀升，没想到飞了一天一夜还是没到达天顶。遁地又饿又累，终于体力不支昏倒了，从天空掉了下来。

飞天拿到皮靴后感觉挺新鲜的，于是决定去看看地有多深。他穿上靴子就往地下钻。不知过了多久，飞天开始觉得头晕脑涨，但四周仍然只是坚硬的石头。就这样，飞天终于被困在地底，再也没有力气离开了。

地有多厚——地球的内部结构

自古以来，人类对于身处的这个世界，总是充满了好奇。俯仰之间就看得到的天与地，更需要进一步去认识。只是，如果说"上天"是不容易的，那么"钻地"绝对更为困难。至今，人类已经靠太空探索获得了很多月球岩石样本，但现有的钻探技术却只能让人类拿到地表以下最多数千米深的岩石样本。既然难以钻得更深，我们要怎样知道地球的内部是什么样子呢？

幸好聪明的科学家发现地震发生时所释放出的地震波

地球内部的结构

地球的结构是层状的，由外而内依序为地壳、地幔、外地核、内地核。

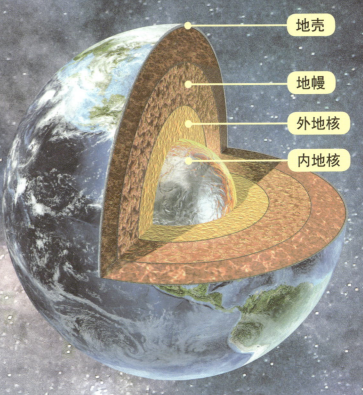

能解答这个问题。我们知道地球半径约为 6371 千米，借由地震波的分析，可知地球内部大致分为三层。就像一颗鸡蛋拥有蛋壳，地球最外圈也有一层地壳，是由坚硬的岩石所组成。地壳又可区分成海洋地壳和大陆地壳。海洋地壳通常是玄武岩，厚度 5~10 千米；大陆地壳则多半是花岗岩，厚度可达 35 千米。地壳之下是厚达 2900 千米的地幔。地球最里面一层是地核。地核的半径是 3500 千米，主要成分是铁和镍这两种金属。地核还可分成外核和内核，外核是炙热的液态金属，内核则为固态金属。

天有多高——地球的大气层

不冷不热又不渴，全都靠它。

地球被一层薄纱般的大气包围着，称为大气层。大气层没有明确的上界，大约是从地表以上至数百千米以内的高空。地球大气的组成主要是氮气和氧气，这两种气体占整体大气的99%。大气层能够存在于地球表面，是因为地球的引力刚好能将这些气体牢牢抓住，否则，地球的大气会迅速地流失到外太空而成为没有大气层的星球，也就不可能有生物存在。

大气层按照高度可以分为五层。地表至高空8～18千米以内的大气被称为"对流层"（对流层的厚度因纬度或季节不同而有所不同）。对流层最接近地表，因此会受到地球表面热的影响而产生对流作用，也就是热空气往上升，冷空气往下降。对流作用加上丰沛水汽使得大部分的天气现象都发生在对流层中。对一般飞机来说，通常会选择在对流层顶部飞行，以避开多变的天气。

对流层顶部50～55千米的高空被称为"平流层"。平流层缺乏水汽因而相当干燥，但却是臭氧的集中区域。臭氧可以吸收太阳的紫外线，保护地球上的生物。平流层之上是中间层，介于50～80千米的高空。当陨石冲撞地球时，通常就是在中间层被烧毁而形成流星的。中间层之上至400～500千米被称为"热层"，这里的空气非常稀薄。由于热层位于太空边缘，会直接受到宇宙射线的照射，因此这里的气体大都呈现游离状态。这些游离的气体可以反射无线电波，使我们接收到远距离外的电视转播信号。第五层也是最外面一层的大气被称为"外层"。由于气体温度相当高且离地表相当远，因此这里的气体很容易脱离地球重力场而进入太空。

相较于整个地球来说，大气层虽然很薄，但却对地球上的生物相当重要。大气层中的氧气可以帮助生物呼吸，二氧化碳则是植物进行光合作用的必要成分。此外，大气层调节着地球的气候，使地球温度大致维持在生物适宜的范围内。最重要的是，大气层就像一层"防护罩"，能阻止宇宙射线、太阳紫外线和陨石伤害地球上的生命。

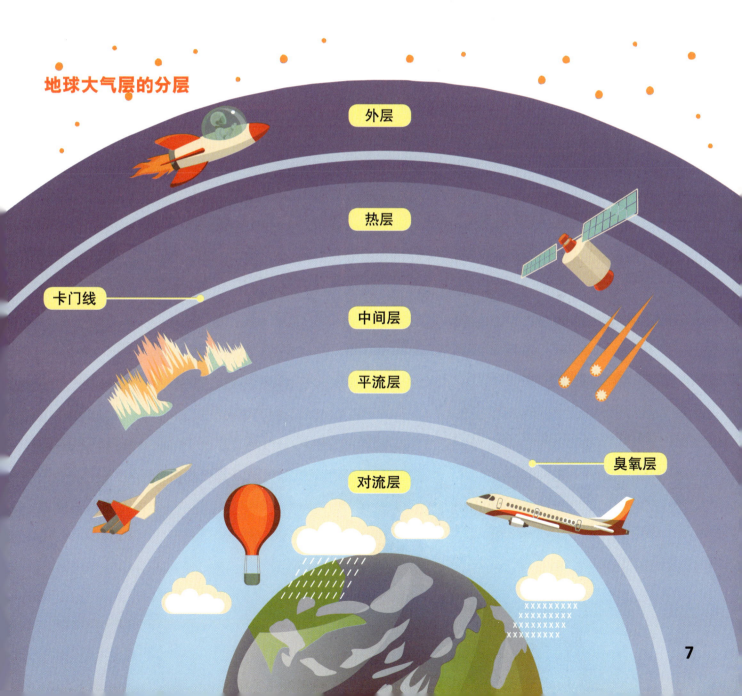

地球大气层的分层

成语故事

天崩地裂

用法：比喻重大的事变，犹如天空塌下、地面裂开那般严重。

上古时代，火神祝融教导人类如何使用火，因此很得百姓的敬重。水神共工相当嫉妒祝融，常常在心里埋怨："哼！火神算什么？凭什么大家都那么敬重他？我用几滴水就可以把他的火全部浇灭！"

共工越想越不满，于是兴起五湖四海的大水冲向昆仑山，把山上的圣火浇掉，整个世界顿时变得一片漆黑。

共工还向祝融提出挑战："祝融！不要以为大家都服你，我偏偏不服！过来和我比比看，究竟是水厉害还是火厉害。就是用膝盖想也知道是水比较厉害啦，哈哈哈！"

没想到，共工打了一个败仗，被祝融烧得焦头烂额。共工输不起，一气之下撞向不周山，居然将不周山撞断了。

不周山是支撑天空的四根柱子之一，位于神州大地的西北方。不周山一倒，天的西北角就崩塌了，地的东南角也随之破裂，人类遭遇了前所未有的大灾难。

幸好，女娲拿出了五彩石将天空补好，又取了大乌龟的四条腿取代了不周山来支撑天空，人类因此又得以在大地上安居乐业。

分裂的地表——板块

你知道吗？其实地球的表面原本就裂开成好几块，这一块块的地表被称为"板块"。依据板块的大小，人们将全球分为六大板块，包括太平洋板块、亚欧板块、美洲板块、印度洋板块、非洲板块和南极洲板块。此外还有十几个小型的板块，如菲律宾海板块。

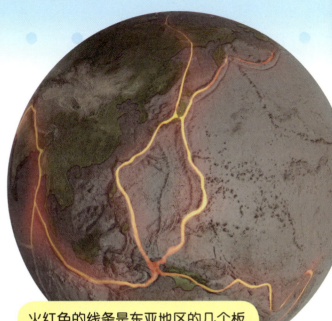

火红色的线条是东亚地区的几个板块之间的边界，这些边界是地震和火山频繁发生的区域。

这些板块并不是静静地待着不动，而是不断和相邻的板块碰撞或分开。两个板块的交界处就是世界上主要的地震和火山发生处，而在板块的内部和中心则相对较安定。若是两个板块互相碰撞，不仅会发生地震，也会形成高山或者火山。"世界屋脊"青藏高原就是由印度洋板块和亚欧板块彼此碰撞而推起的！若是板块和板块彼此分开，则会让板块上面的两个大陆越来越远，而大陆中间则出现深海。如在两亿年前，非洲和南美洲原本是同一块陆地，随着两个板块的开裂，两块大陆就越离越远，中间则形成了大西洋！

板块运动

板块与板块彼此碰撞或分开，产生了不同种类的边界。彼此分离的板块之间会出现宽广的海洋，彼此碰撞的板块之间则生成一连串的高山。

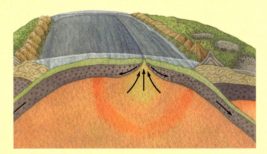

彼此分离的板块

彼此碰撞的板块

地震灾害

板块互相碰撞或分离会让板块边缘的岩石或岩层受到强烈的推挤或拉张力量，当力量超过了岩石能忍受的强度时，岩石就会破裂或移动。大片岩石突然破裂就产生了地震。其他能引发地震的原因还包括火山爆发或山崩，但这些地震的规模都不大，影响范围也较小。科学家估计，地球上每天会发生1000~1500次的地震。幸好大部分都是小型地震，只有精密的仪器可以监测到，一般人是感觉不到的。但若是发生规模里氏7级以上的大地震，则会造成相当严重的后果。

曾经造成惨重伤亡的唐山大地震发生在1976年，地震强度高达里氏7.8级，导致40余万人伤亡。2008年，强度里氏8.0级的汶川大地震也造成46万余人伤亡或失踪。

实际上，直接因为地震摇晃而伤亡的人并不多。地震的确可以让地面出现一些裂缝，但并不会真的让地面裂开并吞噬人、车，这样的画面只会出现在

断层的产生

断层是岩石或岩层受到挤压力或拉张力之后所产生的断裂情形。若施加的力量是挤压力，则会产生逆断层；若施加的力量是拉张力，则会产生正断层；若施加的力量是水平力，则会产生平移断层。当大规模的岩石受力而破裂就发生地震。由挤压力所产生的地震通常最具破坏力。

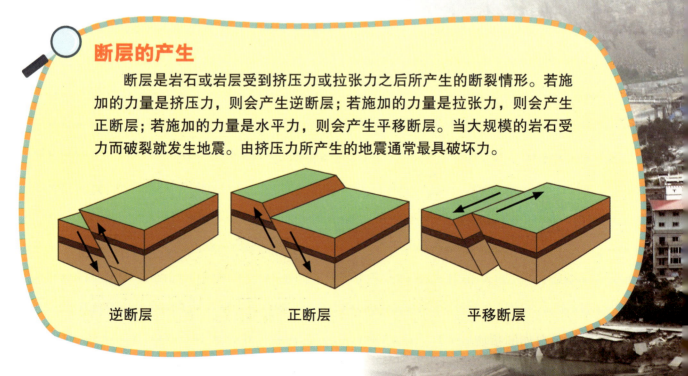

逆断层　　　　　正断层　　　　　平移断层

电影中。地震所引起的火灾或建筑物倒塌才是使人受伤甚至死亡的主要原因。此外，地震也可能诱发其他类型的灾害，如山崩和泥石流。山崩是因为强烈的震动使得原本就不稳定的泥土石块沿着山坡往下滚动；若是又恰好遇上大雨，泥水则会挟着沙石沿着河道汹涌而来，其破坏力更是不容小觑。

由于泥水的浮力很大，因此可以让大块石头或木头漂浮在上面而形成泥石流。泥石流沿着河谷汹涌而下，能轻易破坏沿途的建筑物和道路，并使人和车等遭到掩埋。

扫一扫，看视频

沧海桑田

用法：大海变陆地，陆地变大海。用以形容世间的事变化巨大。

杨村是海边的一个小村庄，村里有个贫穷的少年叫作杨奇。杨奇对于每天一成不变、毫无挑战性的工作感到很烦闷，担心自己留在这个只能打鱼补网的村庄不会有什么出息。有一天，杨奇告别了爹娘，决定要到山里去找神仙，学点石成金之术。

皇天不负苦心人，杨奇在一个偏僻遥远的仙山上找到了仙人，仙人也慷慨地答应教他仙术。

很快三年过去了，杨奇终于学成下山，心里想着："现在终于可以让爹妈享尽荣华富贵了！"

他用仙术腾云驾雾，瞬间就回到了村里，但却惊讶地发现一切似乎都跟以前不太一样了！他赶紧找来一个老农夫问道："请问老丈，是否听说过杨村？"老农夫答道："这里就是杨村。"杨奇急问："怎么会呢？杨村分明在海边，但这里却都是农田啊！"老农夫回答："我出生时，杨村就这样。但听说在我祖父那个年代，杨村的确靠海。"

原来，山中一月，世上数年。杨奇在仙山中学了法术三年，杨村的环境已经由大海变成陆地了，而他的爹妈也早已不在世上了。

高山上的海洋生物

鱼类化石

1960年5月，中国登山队第一次登上了珠穆朗玛峰，他们意外地发现岩石中有许多原本生活在海里的生物化石，包括菊石、鱼龙等。1975年，中国登山队再次在珠穆朗玛峰上发现了5亿年前的三叶虫、海百合等化石。由于海洋生物不可能自己爬到这么高的山上，因此这些发现说明了珠穆朗玛峰曾经在海底。那么，究竟是什么力量使得汪洋大海变成了险峻高山呢？

科学家发现地球表面被分割成好几个板块，板块会彼此碰撞或分开。当板块碰撞在一起，企图一较高下时，那些原本在海里的石头就可能被推到山上。当这些石头还在海里的时候，会有很多海洋生物居住在上面。生物死亡后，它们的硬壳或骨头就被海洋沉积物掩埋，经地质作用而变为化石。随着板块的彼此碰撞抬升，这些包含海洋生物化石的石头就到了高山上。于是，我们才可以在高山上找到这些海洋生物的遗骸。

水平伸展的石灰岩受到挤压力量而变成了弯曲的石灰岩。板块互相碰撞挤压，结果使得有些石灰岩被抬到高处，而原本和它同一水平层的石灰岩却被压在下面。这样的现象可被视为"造山运动"的缩小版。

扫一扫，看视频

沧海桑田变变变——海平面的变动

原本是海洋的地方可以变成陆地，那么原本是陆地的地方也可以变成海洋吗？答案是肯定的。这是因为除了板块作用力，海平面也不是固定不变的。海平面或升或降可以使海岸线的位置发生变化，影响沿海地区的生态环境和人类生活。

造成海平面变动的原因有很多。一次性的风暴以及每天的潮汐涨落都可以使海平面短暂地改变。长期的海平面变化则跟地球的冰川大小有关系。现今的冰川主要出现在南极大陆、格陵兰岛和一些高山地区。但在2万年以前，地球气温相当低，因此冰川是非常巨大的。当时几乎整个北欧和北美洲北部都被冰川覆盖。由于地球的水量是大致固定的，而制造冰川所需要的水几乎都来自海洋，冰川成长就必然导致海洋中的水量大大减少。与现代海平面做比较，2万年前的海平面下降了将近140米之多。较低的海平面使得中国的沿海地区成为内陆，而黄海、渤海、东海、南海则全都成了陆地。幸好，全球的气温在最近2万年内渐渐地增加，于是冰川消融了，水也回到了海洋，才有了现在的海岸线。

南太平洋的岛国图瓦卢美丽的海滩和宝蓝色的潟湖。若是全球温度持续上升，这片美景之地将永远消失在海面下。

最近，关于"全球变暖"的问题一再被科学家提出。目前地球的温度越来越高，为什么这个问题这么重要呢？其中一个原因

就是当地球气温继续增加，现在的冰川就会持续消融，让水不断地回到海洋中，导致全球的海平面上升。如此一来，原本位于低洼处的岛屿以及沿海地区就可能被海水淹没。在太平洋上有一个小岛国图瓦卢，这个国家的最高点只有海拔4.5米，如今正面临着海平面升高所带来的亡国威胁。因此，若是全球变暖的问题再无法获得改善或解决，接下来受到威胁的就会是更多的国家和沿海城市。

海平面的升降

海平面上升或者陆地沉降

海平面下降或者陆地抬升

若是陆地不会变动，则对陆地来说，天气比现在寒冷的时候（冰期），海平面会下降；而当天气比现在温暖的时候（间冰期），海平面会上升。若是海平面不会变动，则当陆地往上抬升，海平面会相对降低；而当陆地往下沉降，海平面则相对升高。

冰山一角

用法: 形容所显露出来的只是事物的一小部分,并非全貌。

1912年是"泰坦尼克"号的首航年,这是当时世界上最大的客运轮船,号称"永不沉没的巨轮"。

当时的"泰坦尼克"号预计能创下在最短的时间内从英国横越大西洋并到达美国的壮举。航行4天后的早晨,就在"泰坦尼克"号快要到达目的地的时候,收到了其他船只发出的无线电通知:"警告!警告!北美东岸现在有许多漂浮的冰山!"

由于冰山还相当遥远,因此船上并没有人特别在意这件事。更何况,大家都认为创下世界纪录远比躲避冰山重要多了。

就在当晚11点半左右,瞭望员似乎发现航道上出现雾状的影子,可是并不确定究竟是什么。没想到,就在10分钟后,一块巨大的冰山突然出现在眼前。瞭望员赶紧通知其他人:"快转弯哪!前面有一座大冰山!"

可是,已经来不及了。"泰坦尼克"号就这样撞上了冰山,并导致了超过1500人死亡的重大悲剧。由这个故事来看,这些船员忽略了警告通知,认为这些小小的"冰山一角"无关紧要,最终害了全船的人。

在海上流浪的冰山

冰山原本是陆地冰川的一部分。当冰川由高处往低处移动而到达海边后，位于冰川边缘的冰会受到各种力量，包括风、浪、潮水等的影响而碎裂，渐渐就脱离冰川，并开始在海上流浪而成为冰山。在海面上看到的冰山实际上只占整个冰山体积的1/10，其他部分则没于海面下。就算是这样，露出海面上的冰山仍可能相当巨大。据说撞上"泰坦尼克"号的那块冰山，在海面以上的部分就有18米高。而北大西洋还曾经出现过高达168米的大冰山，几乎是55层楼那么高！由此可以想见，这些冰山在海面下的体积会是多么巨大！

由于受到风和洋流的影响，冰山经常四处移动。这些在海上横行的"怪兽"，对于航行船只来说具有相当的威胁性。幸好，世界上的冰山主要分布在北极海和南极海这些寒冷海域上，世界各国也已经组织了定期巡逻、侦测冰山动向的海冰巡逻队，能有效地避免类似"泰坦尼克"号的事件再次发生。而当冰山漂移到较温暖的地方，就会逐渐融化并消逝在海水中，因此在热带海域航行的船只不需要担心冰山的威胁。

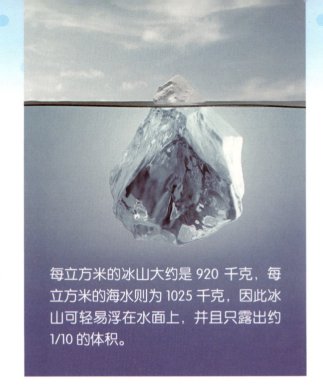

每立方米的冰山大约是920千克，每立方米的海水则为1025千克，因此冰山可轻易浮在水面上，并且只露出约1/10的体积。

陆地上的大冰块——冰川

虽然冰山非常巨大，数量也多，但地球上的冰其实大部分都聚集在陆地上！这些大冰块出现在寒冷的南、北两极或者高山上，一般被称为"冰川"。根据出现的位置，这些冰川又被区分为山岳冰川和大陆冰川两种。

地球上现存最大的大陆冰川毋庸置疑是南极冰川，它的平均冰层厚度达 2 千米，最厚的地方更超过 4 千米。如此巨大的冰块压在整个南极大陆上，使得山川河流都被掩盖了，就连南极最高峰——文森峰，都只露出小小一角。另一个大陆冰川位于格陵兰岛，岛上约有 80% 的陆地面积被冰川所覆盖。据说格陵兰的冰川已经存在约 11 万年之久，从这些冰块里面，科学家获得了许多关于地球古气候变化的宝贵资料。

山岳冰川形成于温带地区的高山上，如喜马拉雅山、阿尔卑斯山等。山岳冰川所经过的地方通常会产生壮阔的地形，如冰斗、角峰、U 形谷和峡湾。电影《魔戒》的取景场地之一便是新西兰的米尔福德湾。当你在观赏这部电影时，不妨也花点时间找找看它的场景中是否有山岳冰川所塑造出的美丽奇景吧。

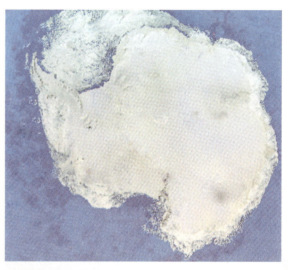

整个南极大陆都被冰川所覆盖，若是整个南极的冰块都融化掉，可让全球海平面上升 60 米。如此一来，许多小岛和沿海城市都将会被海水淹没。

山岳冰川所产生的各种地形

冰斗位于冰川的顶端，形状像是半圆形的洼地。若是一个山峰的四面都各有一个冰川，最后会形成一个金字塔形状的尖峰，被称为"角峰"。当原本的山脊两面都有冰川流过，就会形成尖锐的锯齿状山脊，被称为"刃岭"。U形谷是冰川侵蚀所产生的谷地，通常呈现U形。

扫一扫，看视频

冰川变小，我们的居住环境越来越挤啦！

海水不可斗量

用法：用小容器来测量大海的水量，比喻不可看人的现状而低估他未来的发展。

夏天时的雨水相当丰沛，好几条小溪的水都汇流到大河里去了。

于是，河伯非常得意地对小溪的溪神们说："你们的水都到我这里来了，我应该就是最伟大的水神吧！"小溪神都非常敬佩河伯。

河伯决定顺着水流往前走，看看自己的领土究竟有多宽广。走啊走，他来到了一个从未踏足的地方，看见另一个水神站在远处。

河伯走过去问道："我以前没见过你。你是哪条溪流的溪神啊？见到我这个大水神还不下跪？"

对方答道："这位大水神您好，小弟我是东海的海神。"

河伯不屑地说道："东海是什么？没听说过！来吧，我们来比比看究竟是谁大。"

东海海神虽不愿意，却拗不过河神，只好勉强答应了。于是他们借来了"天斗"，想要量量看谁拥有的水量比较多。

河伯将他的河水全部装进天斗中，并且得意地炫耀："看吧！我的河水可以装满三个天斗！吓到了吧？你现在认输还不算晚。"

轮到东海海神了。一斗、两斗、三斗……没想到装了几十斗还没装完。河神赶紧摸摸鼻子偷偷溜回自己的地盘，再也不敢随便出巡了。

海洋的起源

地球表面有70%都被海水所覆盖，平均深度将近4000米。这么大的一片汪洋，究竟是如何出现在地球上的呢？

在地球刚刚形成不久时，整个地球都还不太稳定。当时的地壳很薄弱，因此时常有岩浆从地球内部不断往外冒出，使整个地球表面的温度一直居高不下。原本存在地球内部的水到了地表后，因高温而被蒸发，成为火山气体的一部分。这些水汽涌出地表后升至高空，成为地球最原始的大气。

地球开始冷却后，大气温度也随之下降，降温使得大量水汽开始凝结成雨水并降至地面。滔滔洪水经过千沟万壑，最终在海洋盆地中汇集而形成了最初的海洋。有了海洋，才有了地球生命的起源舞台。可以说，海洋正是地球上所有生命的摇篮。

海洋形成的三阶段

1 活跃的火山活动使大量水汽由地壳进入大气中。

2 大气冷却使水汽得以凝结并开始降雨。

3 水不断累积而形成原始海洋。

海底是什么样子

站在岸边望向大海，可以发现遥远的天边海天一线。与陆地的高低起伏相比，海洋表面是如此平整，那么海底是什么样子呢？我们不可能将海水抽干来观察海底的样貌，但聪明的科学家利用了回声定位系统，发现海里不仅有高山和深谷，甚至还有平原和山脉。

海洋里的高山通常都是海底火山，它们的数量非常多。以太平洋来说，海底火山的数量约有2万座。这些海底火

夏威夷群岛中的拉奈岛航拍图。拉奈岛和其他夏威夷岛屿都是一个个海底火山岛露出海面的一部分。

海底压力巨大，我已经算是帅哥了！

山凸出海平面就成为海岛。著名的夏威夷群岛就是由一连串的海底火山岛所构成。

海底也有山脉，被称为"洋中脊"。洋中脊是地球上最长的山脉，绵延在各大洋的中间。所有洋中脊的总长度超过6万千米，比绕地球一周还长呢。露出海面的洋中脊也会形成海岛，例如冰岛就是大西洋洋中脊的一部分。

海洋里的深谷被称为"海沟"。马里亚纳海沟的深度将近11000米，是全世界最深的海沟。就算把喜马拉雅山放进去还填不满呢！除了这些起伏的高山深谷，海底也有地球上最平坦的平原，由于这些平原通常位于海平面以下3000～6000米，因此被称为"深海平原"。

无风不起浪

用法：比喻事情的发生，总有个缘由。

南海上有一座仙岛，岛上住着师徒三人。由于小师妹很得师父宠爱，因此大师兄相当忌妒她，一直想找个机会捉弄一下小师妹。

在一个风和日丽的日子，小师妹划船到海中钓鱼，想要给师父加菜。师兄躲在岸边，准备施法来偷袭小师妹。他嘴里喃喃念咒掀起了大浪，把小师妹的船掀翻。正在窃喜的时候，大师兄忽然想到要是师父知道了这件事，自己就惨了，大师兄赶紧跑去救了她。

没想到小师妹居然感激地谢谢大师兄救援。大师兄灵机一动："为何不趁机让师父称赞我的善举呢？"于是，大师兄跑到师父面前邀功："师父，刚刚小师妹被大浪打落海里，幸好我看到了，赶紧用法术救了她！"

原以为这个计策万无一失，师父一定会大大夸奖自己。没想到师父却说："你没听说过'无风不起浪'吗？在这样风平浪静的天气，怎么可能会平白无故地出现大浪？这一定是你故意欺负师妹，又假装救了她，现在居然还敢到我这里来大吹大擂！"

大师兄被师父重重惩罚，从此再也不敢欺负小师妹了。

无风真的不起浪吗

大多数的海浪的确是由风吹拂海面所形成的周期性起伏，又被称为"风浪"。风浪的大小与风的力量有关。例如在南半球的信风带，由于长期吹着强劲的东南风，有时可以产生13米高的风浪。

除了风，其他力量也能产生海浪。有一种由潮汐力所引发的海浪被称为"潮波"，太阳、月亮对地球的引潮力作用，使得海水发生周期性涨落。一涨一落就形成了潮波。

还有一种相当可怕的海浪是由海底滑坡、海底地震或海底火山爆发所造成的，这种剧烈的力量推动海水所形成的海浪被称为"海啸"。2011年的"3·11"日本大地震曾引发10米高的海啸，不仅造成沿海地区大量房屋损毁和人员伤亡，甚至引发了核泄漏灾害事件。所以，就算是没有风，也可能会产生海浪的。

2011年3月11日，日本东部外海发生强度里氏9.0级的海底地震。地震引发猛烈的海啸，袭击日本福岛、岩手、宫城等县。此次海啸不仅造成大量人员伤亡，还导致核电站发生意外。大量放射性物质泄漏出来，影响了环境生态，也威胁着人类的健康。

起起落落的海水——潮汐

海水周期性的起伏现象被称为"潮汐"。我们的祖先很早便认识了潮汐现象，并且有关于潮汐的文字记载。古人称日出为"朝"、日落为"夕"，因此把白天和夜晚的海水涨落分别称为"潮"和"汐"，合称即为"潮汐"。东汉王充在他所著作的《论衡》中也提到"潮之兴也，与月盛衰"，可见当时的人已经发现了潮汐和月亮之间的关联。

潮汐的发生的确与月亮有关。地球面向月球那面的海水，由于受到月球引力的吸引而上涨；背对月球那面的海水，则因为受到离心力作用也上涨。因此，面月和背月这两处同为涨潮时刻。同一地区每天会有两次涨潮，两者间隔为12小时25分钟。当潮汐涌入喇叭形的河口时，可激起汹涌的海浪。我国杭州湾的"钱塘江大潮"举世闻名，浪潮最高可达12米，每年农历八月十八日的潮水最为壮观，往往吸引大批游客临江观望。

生活在潮间带的弹涂鱼在潮水退去后仍能在泥地上自由漫步。这是因为它们的皮肤可直接和环境交换气体，所以能让血液内的含氧量保持稳定。

潮汐是月球引力和地球旋转所产生的离心力共同造成的海水涨退现象。在地球的向月面，月球引力大于离心力，因此向月面的海水会涨高；同时在地球的背月面，由于离心力大于月球引力，海水也会涨高。相对地，另外两个方向的海水则较低。

潮汐最高和最低之间的海域被称为"潮间带"，这个地方每天会有部分时间被海水淹没，部分时间则暴露在空气中。由于环境在一天内剧烈变化，因此生活在潮间带的生物通常也需要具备"两把刷子"才能存活。例如弹涂鱼全身的皮肤和嘴巴都能用来呼吸，大型胸鳍也有助于它们在泥地上爬行觅食，这些"功夫"使得弹涂鱼能够适应环境严酷的潮间带。

成语故事 井水不犯河水

用法：井水和河水各不相干。比喻界限分明，互不干扰。

宋真宗当皇帝时，强大的辽国大举南侵。

当时的宋朝臣子大多主张迁都以避开辽国的锋锐。唯独宰相寇准独排众议："辽国虽然强大，但我们不应该示弱，不然就永远抬不起头了！"

大将杨延昭也说："我认为应该挥兵北上，抵抗辽国，陛下还可以御驾亲征，鼓舞我方士气。"

宋真宗虽然同意亲征，但由于缺乏必胜的信心而举棋不定。最后，在寇准力谏之下，宋真宗终于到了澶州，宋军因此士气大振。

宋、辽双方在澶州对峙了十来天。宋军不但坚守住重要的城镇，又在澶州城下射死辽军统帅。辽军害怕被围攻，便请求休兵罢战。

寇准对此表示反对："我们不应该与辽议和，要趁这股气势直接把辽国打回老家！"

杨延昭也说："没错，先前老是被他们欺负，也该让他们领教领教我们的厉害！"可是，宋真宗原本就不想打仗，因此还是和辽国签订了盟约，史称"澶渊之盟"。盟约中除了重新划定两国疆界，还规定了许多不利于宋朝的事情。

不过在澶渊之盟以后，宋辽之间保持了近百余年的和平，彼此"井水不犯河水"。这样的关系对两国之间的贸易和民间交流不无好处。

井水真的不犯河水

水是人类和其他各种动植物的重要资源。现代人要用水，通常只需要打开水龙头，水就"哗啦哗啦"地流淌出来了，方便极了。但对于古人或是生活在偏远地区的人来说，想要喝水、洗澡，就必须想办法取水。住在河边的人还算方便，可以直接到河边打水来使用；但要是住在离河较远的地方，每天来回挑水可是相当费劲的，因此得想办法在居所附近直接钻井找水。利用井水和利用河水的人或许就有了这样的想法——"你喝的水和我喝的水是不一样的"，这才衍生出了这样的一句成语——井水不犯河水。但实际上，河水和井水真的是来自不同的水源吗？要回答这样一个问题，就必须先了解井水的源头——地下水。

顾名思义，地下水指的就是在地表下流动的水，而地下水的表面则被称为地下水面。人们为了取得地下水，就必须挖井，直到井的深度可以连接到地下水为止。可以说，井水的深度就恰好是该地域的地下水面高度。而在某些区域，地下水面会比地面高，这时地下水就会主动流出而成为河流的一部分。换句话说，大部分的河流都是地下水面和地面直接接触的地方。因此，井水和河水实际上是透过地下水而彼此连通的哦！两者并不是真的毫不相干。

井水和河水并非彼此秋毫不犯，它们可以通过地下水而连接在一起。

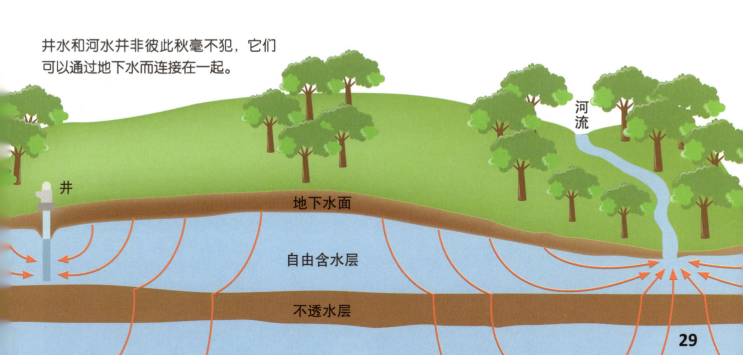

地下水的重要性

钟乳石

石笋

全世界的淡水有很大一部分存在地下，因此地下水是地球上非常重要的淡水资源。抽取地下水以供农业灌溉、工业用水、都市给水以及养殖事业等，早已普遍应用于世界各地。除了供给用水，地下水还跟某些矿产的形成有关。例如美国科罗拉多高原的铀矿床，就是地下水所携带的铀在此地沉积而生成。有时，地下水可沿着岩石里的空洞边缘沉积矿物，产生一圈美丽的矿物质结晶，被称为"晶洞"，是珠宝店中经常可见到的珍贵装饰品。石灰岩洞中的钟乳石、石笋和石柱，也是含有石灰质的地下水日积月累沉淀所生成的；这些地质景象不仅提供了游览价值，更保存了气候变迁的

墨西哥出产的紫水晶晶洞。当岩石内部有裂缝或是孔洞时，地下水可能会进入岩石中，并在孔洞边缘沉淀矿物。把岩石敲开后，就可发现一圈漂亮的矿物结晶。

重要资料。

可以说，地下水与人类生活是息息相关的。但是地下水并不是无穷无尽的资源。虽然地下水可以获得补充，可是补充的速度相当缓慢。若是过度使用，而补

充量又跟不上，地下水面则会下降，造成地面下陷。另一个日渐严重的问题是地下水的污染。近年来我国经济迅速发展，各种废弃物以及农药和肥料已渐渐污染了地下水。地下水的污染物质可以长期存在，而且极为不易清除，因此若想让干净的地下水资源得以源源不绝，首要任务是共同保护地下水质，防止地下水遭受污染。

水滴石穿

用法： 比喻只要有恒心、毅力，坚持不懈，不管多困难的事情总会成功。

　　北宋时代有一个正直的人，叫作张咏。当他中进士后，宋太宗派他到崇阳县当县令。到任后不久，张咏看见他的一个吏员从库房出来，却在头巾下面藏着一枚铜钱，就责问他："这钱是哪里来的？"

　　那名吏员回答："这是库房里的钱。"

　　于是张咏二话不说，找人用木棍责打他。

　　那名吏员生气地喊着："一枚铜钱有什么了不起的，你竟敢打我！我在这儿混了二十几年了！我可不怕你这个新官，难道你还敢杀我吗？"

　　张咏听了，也不动怒。只是拿起笔来，在判决书上写道："一日一钱，千日千钱，绳锯木断，水滴石穿。"意思是："你一日贪污一枚铜钱，一千日就贪污了一千枚铜钱。时间久了，绳子都能把木头锯断，水滴也可将石头滴穿。"

　　张咏写完判决后，就亲自拿剑杀了那个手下，然后禀报上级，请求给予自己处罚。

　　张咏在这里使用"水滴石穿"这句成语说明小恶不除，久而久之就会变成大患。但后人将之引申为正面的意思，指出只要持之以恒，虽然需要花很长时间，但是最终一定可以成功。

科学教室

自然界的水滴石穿——壶穴和海蚀洞

滴水能穿石，靠的就是水的侵蚀力量。除了水本身的动力，水经常挟带了许多小沙粒和小石头。靠着这些"工具"，水就像个很有耐心的雕刻家，得以慢慢雕塑石头，最后在石头上挖凿出洞穴。在自然界中可以看到许多这一类由水所雕刻出的"洞穴杰作"，譬如壶穴和海蚀洞。

壶穴是一种由河流挟带沙石所侵蚀出来的地形景观，通常出现在水流湍急的峡谷地区。

壶穴是由河流挟带沙石，在岩石上不断地旋转摩擦所制造出来的洞穴。我国长江三峡的河水湍急强劲，将峡谷两岸的石头刻蚀出一个个大大小小的壶穴。此外，北京市延庆县的白龙潭看似一个小湖泊，但实际上是一个巨大的壶穴，这个壶穴的直径为10~12米，且达16米之深。

海蚀洞的形成过程有点类似壶穴，只是雕刻家换成了海浪。我国最大的海蚀洞在广州市，它就像一条有屋顶覆盖的小巷子，因此被称为"石巷"。而香港四大奇景中的吊钟洞，位于吊钟洲西北面，这也是一个相当巨大的海蚀洞，小型船只甚至可以穿洞而过，是不是相当有趣呢？

海蚀洞

水的巨大雕塑品——峡谷和喀斯特地貌

想象一下,当一个雕塑家在创作作品时,若是他所使用的材料不同,或者使用了不同的雕刻技巧,则所产生的作品应该会长得不一样吧。地表上有各种不同的岩石,对水来说,每种岩石就是不同的材料。而水的侵蚀能力则大致包括了切割及溶解。

一般常见的峡谷地形,就是河水利用切割的力量将岩石切开所形成的。若岩石较为坚硬,则河水会选择向下切割,形成较为狭窄的峡谷;反之,若岩石较为软弱,则河水会选择向两边和下方切割,形成较为宽阔的峡谷,长江三峡就是标准的峡谷景观。依据三峡内每个地点的岩石软硬特性差异,峡谷各段的宽窄程度就有明显不同。其中瞿塘峡西端入口的夔门尤为雄壮,峡谷两端的距离不足100米,有"夔门天下雄"之称,甚至被选为第五套人民币10元纸币的图案。

长江三峡西端入口的夔门。两岸坚硬的岩壁经河水的下切侵蚀后,形成了高耸且狭窄的峡谷地形。

喀斯特地貌是水运用溶解的力量所形成的另一种美丽作品，且通常发生在石灰岩地区。当雨水或地下水与石灰岩接触时，会让少量石灰岩溶解到水中。久而久之，地面的石灰岩就会出现千沟万壑的特殊景观。"中国南方喀斯特"便忠实地呈现了喀斯特地貌的标准样貌，因此被评选为世界自然遗产，其中的云南石林更是中国AAAAA级风景区。

喀斯特地貌

石灰岩被溶解在雨水和地下水后，地表会出现高低起伏的喀斯特峰林和喀斯特洼地。带有石灰岩质的地下水到了喀斯特洞穴里，可逐渐沉淀出钟乳石、石笋、石柱。

雨水和地下水对于石灰岩地形的溶解作用，造就了云南石林绮丽瑰奇的喀斯特地貌。

周而复始

用法： 表示一种状态或景象循环往复。

张三是个无所事事的富家公子，他成天的生活就是吃喝拉撒睡。一天早晨，他觉得心情糟透了："真是烦闷！每天的生活都是一成不变。晚上睡觉白天玩，一天必须吃三餐。这到底是谁规定的？害本公子如此郁闷！"

突然，他心生一计，把家里的奴仆通通集合起来后宣布："听好了，我决定改变我的生活作息。从现在开始，我要白天睡觉晚上玩，一天只吃一餐饭！"

说完，张三就叫人把所有的窗帘都拉上，自己则躺到床上呼呼大睡起来。到了傍晚，张三果然起床了。他吃了"早餐"后就开始玩乐，斗蟋蟀、打陀螺、钓鱼。到了半夜，张三忽然发现自己肚子"咕噜咕噜"地叫着，于是他后悔了，决定还是一天吃三餐比较好。他把厨师叫起来替他做了夜宵，吃完后又继续玩乐。他命令一些仆人不准睡觉，专门陪他下棋、捉迷藏、看戏。就这样，他过着开心的生活，厨师和仆人们也好不容易适应了这种日夜颠倒的生活方式。

没想到过了半年，张三又开始觉得烦闷了，决定要改变"周而复始"的生活方式……

周而复始的旅程——水循环

　　地球是太阳系中唯一在地表上有水的行星，而绝大部分的水都储存在海洋中。位于海洋表面的水会吸收太阳放出的热量。水在蒸发作用下飞到空中，成为大气中的水汽。水汽不断地往上飞翔时，高空的低温会把水汽的能量渐渐地抽走，于是水汽凝结成小水滴，或者直接凝结成冰晶。许多小水滴聚集在一起就成为飘浮在空中的云。当小水滴越聚越多就会变成大水滴，最终因过重而落下成为雨或雪。这些降水可能落到海洋并再次参与循环，或者落到陆地上继续它的旅程。降水若被土壤吸收就成为地下水，若在地表流动就会汇聚成河流。当然，也有一些水会吸收足够热量而重新回到空中。河流和地下水最终会回到海洋中，并再次循环。在这样周而复始的旅程中，水不仅能协助地球调节热能，产生变化多端的天气，对于岩石圈的循环和地球生命的维持也相当重要。

水循环的旅程会在许多不同的"旅馆"中停留，如海洋、河流、冰川、地下水、湖泊等；也牵涉各种吸热和放热的过程。

休息是为了走更长远的路——水循环的"旅馆"

在水循环的旅途中,水会经过好几家"旅馆"并在那儿休息或住上一段日子。这些旅馆包括海洋、河流、大气、冰川、地下水、湖泊等。原则上,并不是水能决定自己要待多久,而是跟旅客数量、状态,以及旅馆的位置有关。海洋是"旅客"最多的"旅馆"。由于"旅客"太多,因此要办理退房需要排很长的队伍,一滴水住进海洋中到它离开为止,需要3200年!不过这只是一个平均值,也就是说有的水进来后没多久就离开了,但有的水却需要等上数千年。

科学家将水所居住的"旅馆"称为"储存库",而把休息或居住的期间称为"居留期"。此图中的数字代表水在各个储存库的居留期。

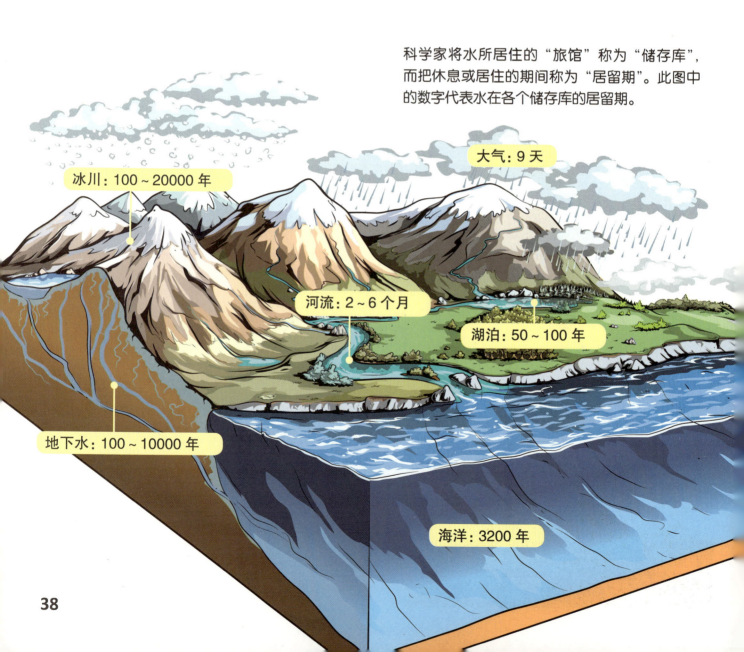

冰川:100~20000年
大气:9天
河流:2~6个月
湖泊:50~100年
地下水:100~10000年
海洋:3200年

住客数量第二多的"旅馆"是冰川，尤其是南极冰川。当水住进了南极冰川，平均需要待上20000年那么久！这是因为这里的住客主要是固态的冰，而它们的动作都很缓慢。因此住在冰川的"旅客"数量虽然不如海洋那么多，但却要花非常久的时间去排队。

休息几天就重新出发了！

地下水的住客量排行第三。由于"旅馆"的位置较偏僻（地底下），因此要进出这间"旅馆"会比较困难。若是住进了浅层的地下水，可能需要100~200年才出得来；若是不幸住进了深层的地下水，则需要10000年才能退房了。

大气是退房速度最快的"旅馆"，除了住客人数较少，由于住客几乎都是动作快速的水汽或小水滴，因此只要9天就能进出这间"旅馆"。

科学家在格陵兰冰川中钻取出来的冰芯

有一些在冰川中的冰很可能是数百年前或数万年前就住进来的水。它们被"困"在冰川里，携带了地球在当时的气候信息。借由化学或物理分析，科学家可以将这些古老的信息提取出来，有助于我们了解地球的过去。

天有不测风云

用法：形容人常会遇到预想不到的灾祸或事情。

风公公和云婆婆掌管着天下的风和雨。有一天，风公公故意对着云婆婆吹起一阵风，害云婆婆跌倒，净瓶中的水也洒了几滴出来。

云婆婆生气地说："臭老头儿，你做什么？你害人间下了一场大雨了！哪里要下雨，要下多少雨，这可是由天帝决定的。哪能说下就下！下次可别再这样恶作剧了！"

风公公赔笑道："多下了一点雨不打紧，别那么生气嘛。"

过了几天，风公公一失手，扇子又打翻了云婆婆的净瓶，净瓶中的水全都洒了出去。转眼间，倾盆大雨造成了大洪水，许多人只好爬到屋顶避难。

云婆婆骂道："你这个'成事不足，败事有余'的老头儿！平白无故造水灾，你想害我被天帝责罚吗？"说完，云婆婆头也不回地离家出走了。

风公公相当气恼，他又不是故意要这样做，于是他把怒气发泄在那些倒霉的人身上，兴起了飓风又把他们的房子给刮倒了。

对那些可怜人来说，一天之内经受洪水又遭遇了飓风，真是应验了那句老话："天有不测风云。"

气象观测与天气预报

现代科技使人类可以观测气象，并做出关于天气变化的预测。为了观测气象，气象局通常会在许多地方设立地面气象站，并派遣工作人员在每天的定点时刻收集包括气温、雨量、湿度、风向、风速、气压等信息。这些信息能协助气象研究员了解天气的变化情况，从而做出天气预报，让社会大众得以参考。

除了地面气象站，气象卫星也能收集详细的气候资讯并产生清晰且即时的"卫星云图"，让我们了解云的动向和发展状况。我国在2016年年底所发射的"风云四号"就是一颗气象卫星。另外，气象专家也经常使用雷达来观测目前的降水情形。当雷达所发射的电磁波碰到大气里的水滴或冰晶后，会反射回来而被雷达侦测到。依据反射回来的信号强度就可制作出"雷达回波图"，告诉我们各地的降水强度和分布情况。

现代的气象预报通常可预测出一周内的天气变化状况。不过，既然是预报，就有可能失准。尽管气象局能收集到的资讯很多，但我们依然不可能对自然气候系统做出完美的预测。因此，"天有不测风云"这句古老的成语仍适用于现代。

风速表

温度表百叶箱

蒸发皿

地面气象站中用来观测气象的仪器有很多，包括温度计、风标、风速表、雨量计、蒸发皿等。驻站的气象员每天会定时去观察这些仪器，并记录下各种气象资料，然后用电脑传回气象局。气象局汇整各气象站所传回的资料，然后做出一个区域的气象预报并发布给大众。

月晕而风，础润而雨——古时候的气象预测

古代人没有现代的气象仪器，只能凭经验来判断天气的变化。宋朝苏洵的名句"月晕而风，础润而雨"就是古人对天气变化的长期观察所累积出来的经验结论。这句话的意思是，当月亮旁边出现淡淡的光晕时，就知道快要刮风了；而当柱子底下的基石变得潮湿，就知道快要下雨了。这句话的含义可以用现代气象知识来解释——月晕的生成是因为天空中出现了卷云，卷云是低气压即将来临的前兆，因此将要刮风；而基石变得潮湿，则代表空气中的湿度较高，随时都有可能会下雨。

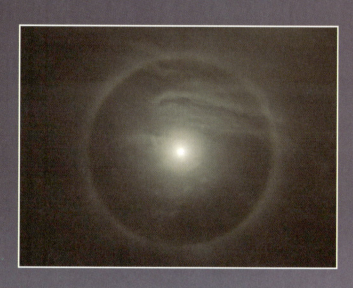

当卷云围绕在月亮周围时，通常可见到月晕。月晕有时呈现七彩，有时则是银白色。月晕是因为月光被卷云中的冰晶折射所生成的。

除此之外，还有很多与天气有关的谚语可说明古人的智慧。例如"天有城堡云，地上雷雨临"。这句谚语中的城堡云说的就是积雨云，这是一种经常出现在夏季午后，形似花椰菜的云朵。看到城堡云，代表可能会发生午后雷阵雨。又譬如"朝霞不出门，晚霞行千里"，这句谚语特别适用于中纬度地区。这个区域的主要风向是西风,因此天气系统通常由西往东移动。若是在早晨看到红霞,代表东边是晴天而西边有云,那么再过一阵子,西边的云可能就会随着西风飘了过来,并带来不好的天气,因此不适合出门。反过来说,若是在傍晚看到红霞,则说明这时候的西边是晴天。在这个时候出门,就不需要担心坏天气了。

风爱跑东跑西,很难预测呢!

积雨云通常出现在夏季午后。当地面被太阳照射时,地表的水汽会快速蒸发而上升至高空。暖湿空气到达高空时,会因为温度降低而凝结成水滴,并汇聚成厚厚的积雨云。此外,当暖湿空气遇到干冷空气,旺盛的对流作用不仅会带来降雨,也会产生雷和闪电。

白云苍狗

用法： 浮云原本像一件白衣裳，一会儿又变得像只黑狗。用来比喻世事变化无常。

彭哥和顺子是小镇里的两个孩子，狡诈的彭哥常常欺负忠厚的顺子。有一天，彭哥想跟顺子借钱买糖葫芦，常被欺骗的顺子自然不答应。彭哥就指着天上的白云对顺子说："以那朵像衣服的白云为证，我一定会还钱的！"顺子虽然仍有怀疑，但还是把钱借给了彭哥。

过了几天，顺子向彭哥讨还借款。没想到彭哥却说："你看看天上的云，是我那天发誓的那朵云吗？"顺子说："的确长得不一样，今天的云看起来像只黑狗。"彭哥说："是啊，等那天的那朵白云出现了，我再还你钱。"顺子这才知道又上当了，但也只能自认倒霉。

20年后，多年不见的顺子和彭哥重逢了。彭哥看着衣着光鲜亮丽的顺子，好生羡慕："你做生意一定赚大钱了吧！哪像我现在还是个守着薄田的穷农夫。"

顺子看了彭哥的农地之后，说："让我来帮你吧！你把田地卖了，钱交给我做生意，保证获利百倍。"几经考虑，彭哥决定变卖祖产，将钱托付给顺子。

不料，顺子拿了钱后，从此消失得无影无踪。原来，当年忠厚的顺子如今也学坏了。真所谓世事白云苍狗。

变化多端的云

云是由大气中的水滴或冰晶集合而成。由于这些水滴或冰晶会将阳光散射到各个方向，因此我们可以看见云的样子。当云比较薄的时候，会呈现白色；若云变得太厚因而遮挡住阳光，那么看起来就是灰色或黑色。

地球上大部分的云都出现在对流层，这是因为由地表蒸发的水汽都集中在这一层。依据出现的高度不同，对流层中的云可以分成高云族、中云族和低云族。高云族是薄薄的白云，经常呈现纤维状，且分布在6000米以上的高空，常见的高云族包括卷云和卷积云。中云族出现在2500～6000米的区域。中云族的其中一种被称为"高层云"，它就像一块有条纹的帘幕，颜色多为灰白色或灰色。2500米以下的云被称为"低云族"，属于低云族的雨层云呈现暗灰色，经常覆盖整个天空，且带来持久降雨；而层积云则为波浪状，它的顶部就是山上的云海。另外有一群非常活泼的云被称为"直展云族"，如积云和积雨云，随着强劲的上升气流，直展云通常可以跨越整个对流层，直展云内部的对流作用很旺盛，因此会带来雷、闪电和倾盆大雨。

云的高度

云和阳光的魔术——彩虹、观音圈、火烧云

除了千变万化的模样，云还是一个相当厉害的魔术师。以太阳光为助手，云所表演的第一个魔术是彩虹。当太阳光照射到云里的小水滴时，其中的可见光（白色光）会被小水滴分开成不同的颜色而形成彩虹。我们通常说彩虹有七种颜色，但实际上，彩虹是由一连串连续渐变的颜色所构成。此外，完整的彩虹是圆形的，由于其中一部分被地面挡住，因此看到的彩虹通常是拱桥的形状。

彩虹的颜色不止有七种，实际上是由各种不同的颜色连续渐变所组成。这些有颜色的光被称为"可见光"。

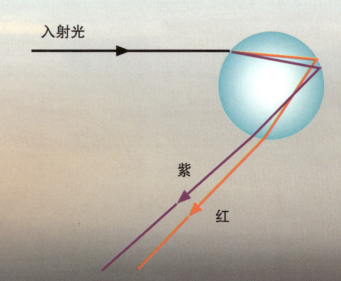

观音圈在气象学上被称为"光环"，是一种罕见的自然现象，且通常只出现在高山地区。光环的成因类似于彩虹，都是可见光在小水滴中经过一次反射和两次折射所形成。我国观察光环最好的地点在峨眉山。

噗噗噗……看我"放屁云"！

云和阳光共同表演的另一个神奇魔术是观音圈，通常出现在高山地区。对登山者来说，当他的背后有阳光，而前面是一片云雾时，太阳、登山者、云雾会大致在同一直线上。类似于彩虹的形成原理，观音圈也是由小水滴将可见光分开成各种颜色所生成，因为没有地面阻挡，于是会出现完整的圆圈。同时，太阳将登山者的影子投映在圆圈中间，看起来就好像被一圈"佛光"所围绕的"观音"现身了。因此，这类景象被称为"观音圈"。在东方，观音圈的出现被视为好运；但在西方，它被称为"布罗肯幽灵"，并且代表厄运降临。

在清晨和傍晚，云和阳光有时会上演火烧云的戏码。这个时候的太阳较接近地平线，因此阳光就必须通过较厚的大气层才能被我们看见。其中，红色光和橙色光特别容易穿透大气层。当这些火红色的光线照射到云层，远远看去就像火在云里烧一样，因此被称为"火烧云"。

火烧云特别容易出现在台风即将来临之前，这是因为台风的下降气流可抑制空气中的细小灰尘，使天空的能见度变高，因此红色光和橙色光可以更容易地穿过大气层而映照在云上。

雷霆万钧

用法：形容人或物的声势威力巨大，不可阻挡。

"轰隆"一声，石头裂开，雷神诞生了。刚出世的雷神还没搞清楚状况："我是谁？手中这个玩意儿是什么？"

这时，天帝出现了："你是雷神，你手里拿的是鼓槌和大鼓，是你的武器。"

雷神好奇地拿起鼓槌用力朝大鼓敲了下去，不料，瞬间发出"轰隆"巨响。雷神吓得一溜烟地跑去躲了起来。

天帝派天兵天将把雷神揪了出来，严厉告诫他："你是雷神，你要负责打雷，惩罚坏人！"

雷神只好乖乖认命，开始执行他的任务，驾着黑云到处打雷，并惩罚那些为非作歹的坏人。雷霆万均，声势浩大，威力无穷，确实让许多坏人心惊胆战。可是天这么黑，难免会不小心打错人，或者引起森林火灾。犯了错后，雷神又想偷偷溜走。

天帝发现这件事，就把雷神找来："你可不能犯了错就一走了之！这样好了，以后我请闪电陪着你一起去巡视人间。"

此后，雷神和闪电成了最好的搭档。雷神每次打雷前，闪电都会先替雷神照明大地。雷神再也不会轻易犯错了。

闪电和打雷

闪电最常发生在雷云中，而雷云就是积雨云。积雨云内部的对流作用相当旺盛，暖空气努力往上爬，冷空气则尽力向下沉。在这样的旺盛对流下，云里面的冰晶会彼此强烈碰撞，因而带有正或负电荷，带正电荷的冰晶通常会集中在积雨云的上层和最底层，带负电荷的冰晶则集中在中下层。

当积雨云越长越大，里面的冰晶和电荷也会越积越多，一旦带正电和带负电的冰晶彼此接触，就会产生很大的能量并将能量散发出去。这样的撞击过程会放出光线，也就是闪电；而碰撞会发出巨响，也就是打雷。

除了在积雨云里所产生的闪电，积雨云中下层的负电荷也会诱发地面带正电，进而使地面和积雨云之间产生闪电。由于闪电带有极高的温度和电压，因此这种云和地面之间的闪电会直接对人类的生命财产造成威胁，有时甚至会引发难以熄灭的森林大火。

闪电和打雷差不多是同一时间发生的，但由于光和声音的传递速度有差异，因此我们通常先见到闪电，才会听到雷声。从看到闪电至听到雷声之间的时间差异，可推测雷电的发生位置距离自己有多远。光的速度是每秒299792458米，而声音的速度是每秒330米。若是看到闪电后3秒听到雷声，则发生雷电的距离大约是1000米远。

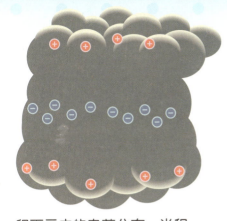

积雨云中的电荷分布。当积雨云中带有正电荷和负电荷的冰晶彼此碰撞就会放出闪光和巨响，也就是闪电和雷声。积雨云底部的负电荷也会使地面感应成正电，进而引发地面和积雨云之间的放电作用。

不可小看的冰雹

夏季的午后,天空总是会忽然暗了下来。原来是因为天空被积雨云整个覆盖了。然后,偶尔会听到几声沉闷的雷声,预告午后雷阵雨即将来临。忽然之间,倾盆大雨就从天空"哗哗"洒下,伴随闪电打雷,气势非常惊人。路上行人纷纷躲避这场大雨,原本闷热的天气似乎也渐渐地凉爽了起来。有时候,除了打雷、闪电和倾盆大雨,天空中还会掉下冰块。奇怪,究竟是谁乱丢冰块呢?原来这是冰雹。

通常只有发展非常旺盛的积雨云才会产生冰雹。冰雹原本是云里面的小小冰珠,当这些冰珠在积雨云中不断地来回翻滚,就会和其他的冰珠结合在一起。就像滚元宵似的,小冰珠最后会形成圆形或椭圆形的大颗冰块,直到重量太重而落下。若是在到达地面前尚未融化成水,就是冰雹。

大型的冰雹可以达到葡萄柚或垒球的大小,较小的冰雹则如豌豆大小。冰雹对于农作物的威胁很大,会使农作物减产或歉收。冰雹也可能危及人畜生

冰雹的力量可以大到在汽车的引擎盖上打出一个个小凹洞。若是冰雹掉落在人的头上,可能会头破血流。

命，损坏房屋和车辆。我国各地每年都会受到各种程度的雹灾，尤其是北方山区。科学家发现若是将碘化银这种化学物质投入到积雨云中，可以使冰珠不会滚成大冰雹。落下的冰珠由于体积小，因此很快就会变成雨水。这种消雹降雨的工作可以减少30%的冰雹并增加10%的降雨。

冰雹的形成过程

上升和下沉气流反复地将小冰珠带至云层顶部和底部，每经过一次上下运动就会在冰珠周围增加一层新的冰壳。直到上升气流无法承载冰珠的重量，冰珠就会落下。若是冰珠在掉落地面前尚未融化，就是冰雹。

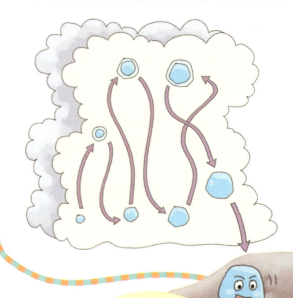

大家注意！冰雹要来了！

信口雌黄

用法： 形容一个人说话不负责，经常不顾事实、随口乱说。

晋朝时由于社会环境动荡不安，因此相当流行老子和庄子的清静无为思想。有一位叫王衍的学者，很喜欢谈论老庄无为而治的道理。

有一天，王衍又在和朋友谈论玄理："我认为庄子提到的白驹过隙，就是说一匹白马穿过了小小的钥匙洞，是一件很不容易的事情。"

他的一个朋友觉得有点奇怪，一匹马怎么可能穿过一个小洞？便反问他："马怎么可能穿过这么小的洞？又不是变魔术。"

另一个朋友呼应："是呀，我猜庄子说的应该是当我们从小缝隙看出去，而一匹马从缝隙前跑过去，很快就会看不见它了。这句话说的应该是时间飞快流逝的意思。"

王衍知道自己说错了，但却不肯认错。他表现得十分从容镇静，不慌不忙地换了一个说法："你们说得没错，这句话的确是形容时间过得很快。我只是想看看你们是不是真的懂庄子。"

王衍总是这个样子，经常说出一些没有根据且不负责任的话，说错了也不会觉得不好意思，随口就更改。久而久之，人们就开始嘲笑他口中好像含了一块雌黄石一样，可以边说边改。这就是成语信口雌黄的由来。

"矿物鸳鸯"——雌黄与雄黄

雌黄是一种黄赤色的矿物，外观上经常呈现片状或土块状。雌黄主要是由硫和砷所组成，呈现出硫的黄色，同时也具有砷的毒性。古代人写字时是使用黄颜色的纸，不慎写错时，就用雌黄石或雌黄粉末涂在写错的地方，来掩饰错误，很像现在的修正液。除了修改错字，雌黄也曾被用作颜料，如有名的敦煌莫高窟壁画中所使用的黄颜料里就含有雌黄。

湖南省石门县界牌峪矿床所出产的雄黄和雌黄共生矿。此矿床在郦道元的《水经注》中已有记载，开采至今应该不少于 1500 年。

另一种含有砷和硫的矿物是雄黄。雄黄和雌黄长得很像，也经常一起出现在火山喷气孔附近，被人们合称为"矿物鸳鸯"。我国湖南省石门县的界牌峪即是有名的雄黄和雌黄矿床。古人在过端午节的时候，为了辟邪祛毒，常在酒中加入一些雄黄服用，也就是雄黄酒。雄黄也经常被磨成雄黄粉或制作成雄黄水，喷洒在房子的周围，可以防止害虫或毒蛇侵入家中。据说西晋炼金术士葛洪可能也曾经使用雄黄或雌黄来提炼长生不老药呢。

莫高窟中有些壁画或绢画中所使用的黄颜料含有雌黄。古书记载敦煌县的雌黄州以出产雌黄和朱砂而闻名，因此很有可能提供了这些颜料的来源。

矿物颜料

古人除了使用雌黄或雄黄作为黄色颜料，还曾经利用其他矿物来制造各种不同的颜料哦！在这里就分别介绍三种矿物颜料——朱砂、石绿和石青。

朱砂是红色的，又被称为"辰砂"，是中国人最早使用的矿物颜料。据说在6000多年前的河姆渡文化时期，先民就已经懂得使用朱砂来染色。有些古壁画和彩陶上的红颜色，以及道士画符和历代皇帝批改奏折所使用的红墨水，也都使用了朱砂。更有趣的是，战国时代的女孩子甚至将朱砂涂在嘴唇上打扮自己，就像现代的口红一样！

石绿这种绿色颜料来自孔雀石。孔雀石是在殷商时期开始传入中国的，但当时是当作发簪或工艺品的制作原料。一直到唐朝，孔雀石才成为绘画颜料。孔雀石也曾经是古代炼丹的材料之一，当时的炼丹术士为了隐瞒配方，故意把孔雀石改名为"青神羽"。

石青是由蓝铜矿磨粉后所制成的一种蓝色颜料。中国最早使用石青的记录来自战国楚墓内的绘画，画中所使用的蓝色就是石青。此外，新疆克孜尔千佛洞中的壁画也多采用石青和石绿这两种矿物颜料。

石头也有许多色彩呢！

钻石

孔雀石

含有铜，由含铜矿物经过氧化后所形成，外观呈现绿色。有些孔雀石可加工成为漂亮的装饰品。

朱砂

是含有硫和汞的天然矿物，外观呈现红色。朱砂也是传统中药的一种，在《神农本草经》中提到朱砂具有安神和镇静的效果。

蓝铜矿

也是一种含铜矿物，经常和孔雀石一起出现，但外观却是蓝色的。蓝铜矿由于硬度低，因此不太适合加工成宝石。

飞沙走石

用法：形容风势猛烈，连石头和沙子都被吹跑。

风先生相当寂寞，总是找不到朋友。有一天，风先生看到了美丽的云小姐，于是想找云小姐一起聊天。当风先生兴冲冲地跑向云小姐时，不知什么原因，怎么也追不上云小姐。

风先生觉得有点伤心，只能叹息："为何她不理我，见到我就跑？我只是想跟她交朋友啊！"树伯伯听到了风先生的叹息，就劝道："交朋友不能急，慢慢来，总会有人愿意当你的朋友。"

风先生听了很高兴，赶紧冲上前去问道："那你要跟我做朋友吗？"随着风先生巨大风力的靠近，树伯伯也连根拔起地离开了。经过这件事，让风先生更加失望，只能继续去找朋友。他遇到了石大哥和沙小弟，又急匆匆地问道："两位愿意跟我交朋友吗？"结果，石大哥和沙小弟也不肯好好听风先生说话，漫天飞沙走石。

风先生崩溃了，只能边走边啜泣。最后，他遇到了墙壁爷爷。他惊讶地发现，墙壁爷爷居然没有掉头就跑。于是他把所有烦恼都告诉了墙壁爷爷。墙壁爷爷听完后，呵呵笑道："下次你想交朋友时，就轻轻地靠近对方，越轻柔越好，不要着急。我相信你就能交到朋友了。"

风从哪里来

当太阳照射到地表，地面上方的空气因为受热而往上升，附近的冷空气则填补热空气跑掉的位置，像这样的空气流动就会产生风。

沿岸地区在一天之中会出现两种方向不同的风。由于陆地可以较快速地接收太阳的热量，白天时的陆地比海洋温暖。因此陆地的热空气会上升，海洋的冷空气则流入陆地，形成由海洋吹往陆地的海风。反之，到了夜晚，陆地降温较海洋更快，因此海洋会比陆地温暖。当海洋的热空气上升，陆地的冷空气则流向海洋，形成从陆地吹向海洋的陆风。海风和陆风的交替时间通常发生在清晨和傍晚，在这两个时刻，空气停止活动，因此呈现无风状态。

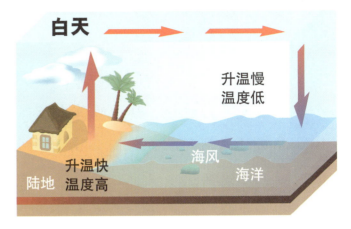

沿岸地区在一天之中会出现两种不同方向的风。白天时，风由海洋吹进陆地；夜晚时，风由陆地吹向海洋。

季风和信风

　　季风的形成过程和陆风、海风很类似，只是范围较大，持续时间也长达一个季节。夏天的时候，陆地吸收太阳热量的速度比海洋快，因此陆地温度比较高，季风便由海洋吹向陆地。由于发生在夏天，又被称为"夏季季风"。冬天的时候，陆地的热量很快就散掉了，这时反而是海洋比大陆温暖，因此风会从大陆吹向海洋，被称为"冬季季风"。季风发生的地方主要在亚洲南部和东部，这是因为亚洲是地球上最大的陆地，且又面对着广阔的海洋——太平洋和印度洋。季风可将水汽带至内陆，是干燥地区的重要降水来源。

　　信风是发生在南北纬30°至赤道之间的终年盛行风。由于赤道地区一整年都很炎热，因此热空气会不断地往上升，而原本在南、北纬30°附近的冷空气则经由海面往赤道吹拂。由北纬30°往赤道吹的是东北信风；由南纬30°往赤道吹的则是东南信风。由于信风的吹拂方向一整年都很规律，古代商人经常利用信风来做航海贸易，所以信风也被称为"贸易风"。

我送你们去做生意！

全球的盛行风

赤道上升的热空气会分别往南、北极方向扩散,并在南、北纬 30° 的地方往下降,形成哈得来环流。这些下降的空气有一部分会沿着海面吹回赤道区而成为信风,另一部分则往两极移动,成为中纬度地区的西风。西风到了南、北纬 60° 左右又会被抬升至高空而形成费雷尔环流。在南、北纬 60° 到 90° 之间还有极地环流,冷干的气流形成了盛行于极区的东风。

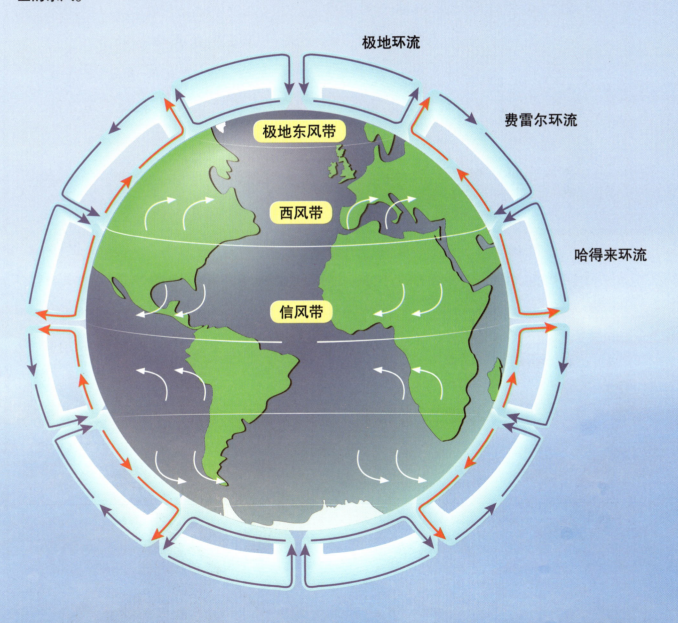

日迈月征

用法：日月不停运转，比喻时间不断推移流逝。

太阳热情又善良，月亮聪明又美丽。日子久了，太阳渐渐地爱上了月亮。有一天，太阳对月亮说："月亮啊，你是否愿意和我携手共度一生？我会好好地照顾你一辈子的。"

月亮听了后感觉有些惊讶，两个人平常虽然是很要好的朋友，但不知为何，月亮对太阳就是没有特别的感情。月亮只能委婉地拒绝："真是抱歉，你的确是很好的对象，但我现在还不想结婚呢。我们还是当朋友吧。"

太阳很失望，却不想就此放弃。他把烦恼全告诉了天帝。天帝担心太阳就此沮丧失意，荒废了自己的工作，就把月亮找来，亲自替他们俩说媒撮合。聪明的月亮眼见天帝亲自来说情，实在不便直接拒绝，于是她想到了一个聪明的办法。她对太阳说："不然这样好了，由天帝做证，如果你能追上我，我就嫁给你。"

话一说完，月亮转头就跑，太阳却还在发呆。天帝拍了拍太阳的背，说道："还不快去追！"

太阳赶紧跟了过去，但月亮已经跑到天的那一头了。从此，太阳刚从东边追过来，月亮已经跑到了西边；好不容易太阳到了西边，月亮却又出现在东边。直到今天，太阳还在努力地追着月亮呢。

日、月、年是如何定义的

地球由西向东自转，因此天空中的太阳、月亮和星星都是东升西落。当地球自转一周，这些天体就循环一次，这样就是一日。在一日当中的某一个时刻，地球面对太阳的那一面就是白天，而背对太阳的那一面则为夜晚。为了更有效地计算时间，人类把一日区分成时、分、秒三个时间单位；然后又把整个地球分成 24 个时区，每个时区代表一个小时。若是跨越时区，就必须调整手表，这就是时差。因此，当中国人正在吃午餐，美国人却正在睡觉。月亮绕着地球转动一周，大概需要 30 日，因此人们将 30 日定为"一个月"。太阳每个月会在不同的星座前出现一次，经过 12 个星座后又回到第一个星座前，因此，12 个月被称为"一年"，也就是地球绕太阳转一圈所需的时间。有了日、月、年的概念后，人类细数时间的脚步，将日、月、年三种循环巧妙地组合在一起，制定出准确而实用的历法。

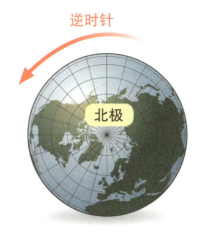

由地球北极的上空往下看，会发现地球以逆时针的方向转动；而若从赤道上空往下看，则地球是由西往东转。由于地球自转，日月星辰都是东升西落，地球也有了日夜变化。

春、夏、秋、冬是如何产生的

地球的赤道面和公转轨道面之间的交角呈现23.5°，因此地球各地接受日照的角度和范围会不断地变化，从而出现四季。对北半球来说，每年6月22日是太阳直射北回归线的日子，被称为"夏至"。这一天的白天最长而夜晚最短。一般来说，由这日往前往后各推45日为北半球的夏季。同样的这段时间在南半球则为冬季。到了12月22日的冬至这天则是太阳直射南回归线的日子，因此在北半球的白天最短而夜晚最长。由此日往前往后各推45日的这段时间称为冬季，在南半球则为夏季。每年的3月21日和9月23日分别为春分和秋分，太阳在这两天直射赤道，因此全球各地的白天和黑夜的时间差不多一样长。由这两日各往前、后推45日即为春天和秋天。虽然春、夏、秋、冬四季大致各为90日，但其实随着纬度的不同，各地的季节长短并不完全一样。中高纬度地区是四季最分明的区域，赤道和极地则通常只有冬、夏两季而无明显的秋季和春季。

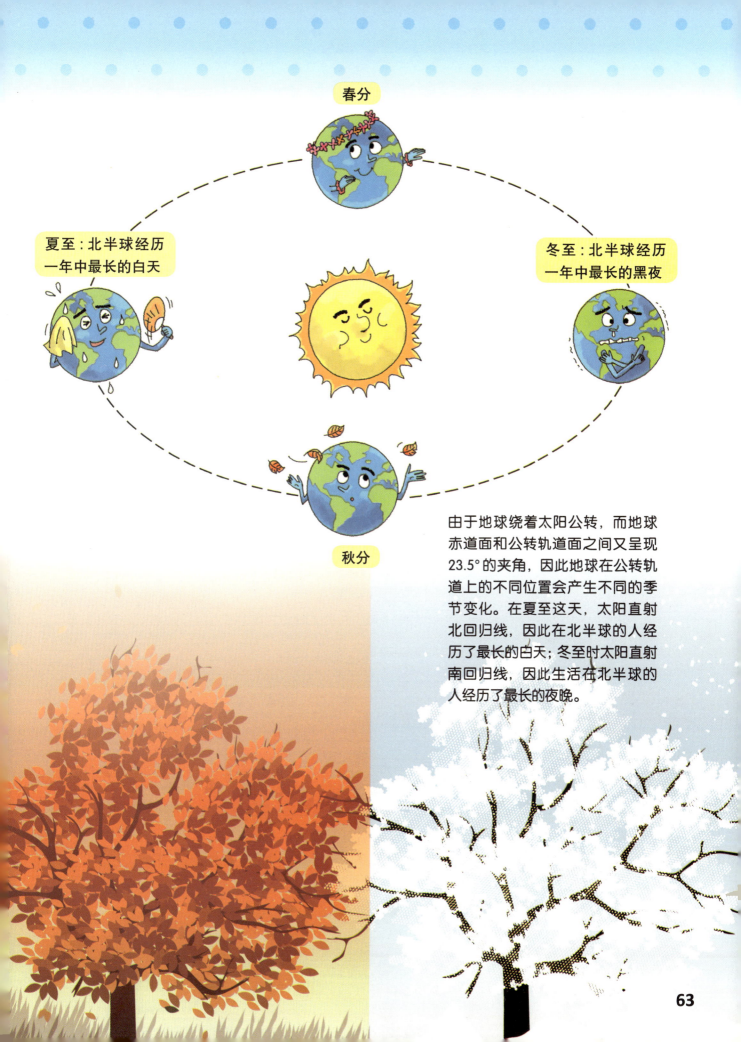

春分

夏至：北半球经历一年中最长的白天

冬至：北半球经历一年中最长的黑夜

秋分

由于地球绕着太阳公转，而地球赤道面和公转轨道面之间又呈现23.5°的夹角，因此地球在公转轨道上的不同位置会产生不同的季节变化。在夏至这天，太阳直射北回归线，因此在北半球的人经历了最长的白天；冬至时太阳直射南回归线，因此生活在北半球的人经历了最长的夜晚。

小牛顿 科学与人文

成语中的科学（全6册）

中国源远流长的五千年文明，浓缩发展出了充满智慧的成语。在这些成语背后，其实有着与其息息相关的科学知识。本系列将之分为植物、动物、宇宙、物理、化学、地理、人体等多个领域。根据每则成语的出处背景或意义，编写出生动有趣的故事，搭配精细的图解，来说明成语背后所蕴含的科学原理，让孩子在阅读成语故事时，也能学习科学知识！

内容特色：

1. 涵盖植物、动物、宇宙、物理、化学、地理、人体等七大领域。
2. 用90个主题、180个细分科学知识点来讲解，近千幅全彩高清插图配合知识点丰富呈现，内容详实有深度。
3. 配以23个有趣的科学视频进行拓展，扫描二维码即可快捷观看，利用多媒体延伸阅读。
4. 将"科学"与"人文"相结合，将科学的触角伸入更多领域，使科学更生动、多元、发散。

全套6册精彩内容
90个成语
180个科学知识点
23个科学视频

每册15个成语故事 — 充满童趣的插画风格 — 深入浅出地介绍成语中的科学原理 — 浅显易懂的图示讲解 — 丰富多元的知识拓展

扫一扫二维码，可观看科学小视频。登录现代出版社官网（www.1980xd.com），还可以在线观看及下载全套视频。

小牛顿 科学与人文

故事中的科学（全6册）

故事除了有无限丰富的想象力，还可以带给孩子什么启发呢？本系列借由生动的故事，引发儿童的学习动机，将科学原理活泼生动地带到孩子生活的世界，拉近幻想与现实的距离，让枯燥生涩的科学知识染上缤纷色彩。本系列分成动物、植物、物理、化学、地理、宇宙等领域，让孩子在阅读过程中，对科学知识有更系统性的认识，带领孩子从想象世界走进科学天地。

内容特色：

1. 涵盖动物、植物、物理、化学、地理、宇宙等六大领域。
2. 用 90 个主题、180 个细分科学知识点来讲解，近千幅全彩高清插图配合知识点丰富呈现，内容详实有深度。
3. 配以 24 个有趣的科学视频进行拓展，扫描二维码即可快捷观看，利用多媒体延伸阅读。
4. 将"科学"与"人文"相结合，将科学的触角伸入更多领域，使科学更生动、多元、发散。

全套 6 册精彩内容
90 个故事
180 个科学知识点
24 个科学视频

深入浅出地介绍故事中的科学原理

扫一扫二维码，可观看科学小视频。登录现代出版社官网（www.1980xd.com），还可以在线观看及下载全套视频。

每册 15 个趣味故事

丰富多元的知识拓展

浅显易懂的图示讲解

充满童趣的插画风格

版权登记号：01-2018-2127

图书在版编目（CIP）数据

水真的可以滴穿石头吗？：成语中的地球奥秘 / 小牛顿科学教育有限公司编著．—北京：现代出版社，2018.5（2021.5 重印）

（小牛顿科学与人文．成语中的科学）

ISBN 978-7-5143-6938-0

Ⅰ. ①水… Ⅱ. ①小… Ⅲ. ①地球—少儿读物 Ⅳ. ① P183-49

中国版本图书馆 CIP 数据核字（2018）第 054257 号

本著作中文简体版通过成都天鸢文化传播有限公司代理，经小牛顿科学教育有限公司授予现代出版社有限公司独家出版发行，非经书面同意，不得以任何形式，任意重制转载。本著作限于中国大陆地区发行。

水真的可以滴穿石头吗？
成语中的地球奥秘

作　　者	小牛顿科学教育有限公司
责任编辑	王　倩
封面设计	八　牛
出版发行	现代出版社
通信地址	北京市安定门外安华里 504 号
邮政编码	100011
电　　话	010-64267325　64245264（传真）
网　　址	www.1980xd.com
电子邮箱	xiandai@vip.sina.com
印　　刷	三河市同力彩印有限公司
开　　本	889mm×1194mm　1/16
印　　张	4.25
版　　次	2018 年 5 月第 1 版　2021 年 5 月第 5 次印刷
书　　号	ISBN 978-7-5143-6938-0
定　　价	28.00 元

版权所有，翻印必究；未经许可，不得转载